ESPACIO

Kay Robertson

Educational Media

rourkeeducationalmedia.com

www.rourkeeducationalmedia.com

PHOTO CREDITS: Cover; © Baris Simsek: © NASA; page 1: © Tim Messick; page 4: © lucentius; page 5: ©NASA; page 6: © Becart; page 8: © Coprid, © NASA; page 11: © NASA; page 13: © rwarnick; pages 14-15: © GeoffBlack; page 16: © Vasko, © kyoshino; page 17: © Dieter Spears; page 19: © rwarnick; page 20-21: © Gunter Hofer; pages 22-23: © knickohr; pages 24-25: © Orla; pages 26-27: © NASA; page 28: © NASA; page 29: © NASA; page 31: © NASA; pages 32-33: © leezsnow; page 34: © Photoeuphoria, © Nicholas Piccillo; page 35: © GlobalP; page 36: © NASA; page 37: © NASA; page 39: © Steve Cole; page 40: © Dieter Spears; page 41: Anatoli Styf; pages 42-43: © monkeybusinessimages; page 44

Edited by: Jill Sherman

Cover and interior design by: Tara Raymo
Editorial/Production Services in Spanish
by Cambridge BrickHouse, Inc.
www.cambridgebh.com

Robertson, Kay
STEM Guías para el espacio / Kay Robertson
  ISBN 978-163155-129-1 (hardcover - Spanish)
  ISBN 978-163155-127-7 (softcover - Spanish)
  ISBN 978-163155-128-4 (e-Book - Spanish)

Printed in China, FOFO I - Production Company
  Shenzhen, Guangdong Province

Also Available as:

ROURKE'S
e-Books

Rourke
Educational Media

rourkeeducationalmedia.com

customerservice@rourkeeducationalmedia.com • PO Box 643328 Vero Beach, Florida 32964

Contenido

Introducción 4

Una mirada a la Luna. 6

Nuestro sistema solar 14

Midiendo distancias 24

Todo sobre la gravedad 34

Conclusión. 44

Glosario 45

Índice 46

Sistema métrico. 47

Sitios de la internet. 48

Demuestra lo que sabes 48

Introducción

¿Has intentado contar las estrellas? Es difícil. Puedes contar hasta un número muy alto, pero finalmente perderás la noción de dónde empezaste. El espacio, al igual que el número de estrellas que lo llenan, es infinito. ¡Es grande y sigue... y sigue sin terminarse!

Puedes explorar el espacio mirando a través de un telescopio.

Durante todo el tiempo que han existido los seres humanos, hemos estado fascinados por las estrellas y los planetas. Lo emocionante de estar vivo hoy en día es que tenemos la tecnología para dejar la Tierra y explorar los otros planetas.

Lo que encontraremos allí es un misterio. Tal vez encontremos otras formas de vida. Tal vez hallemos otros planetas que podrán ser colonizados por la raza humana. Tal vez descubriremos los orígenes del universo.

En este libro verás cómo las matemáticas ayudan a los científicos a entender el espacio, el tamaño del sistema solar y las condiciones en otros planetas. Si estás interesado en estudiar el espacio exterior, tendrás que saber matemáticas. Como verás, las matemáticas hacen posible, en gran parte, la exploración espacial.

Una mirada a la Luna

El 20 de julio de 1969 es una fecha importante para la raza humana. Ese día fue la primera vez que un ser humano caminó sobre la superficie de la Luna.

La misión del Apollo 11, que puso hombres en la Luna, es uno de los logros más extraordinarios de la raza humana.

STEM Dato rápido!

Neil Armstrong

Neil Armstrong fue un astronauta norteamericano y el primero en caminar en la Luna. Seiscientos millones de personas vieron la primera caminata en la Luna por televisión. Sus huellas todavía pueden verse en la Luna hoy en día. El polvo es espeso, pero no existe ningún viento que las borre. A él le otorgaron la Medalla Presidencial de la Libertad, que es el honor más alto que puede recibir un civil de parte del gobierno de los Estados Unidos.

Neil Alden Armstrong
(1930 – 2012)

Durante años, la gente observaba la Luna en el cielo y se preguntaba cómo era realmente. Pero, a través de estudios cuidadosos, los astronautas que fueron a la Luna tenían una buena idea de qué esperar.

El planeta Tierra **orbita** en torno a un cuerpo mayor, el Sol. El mismo patrón se cumple con la Tierra y la Luna. Debido a que siempre está en movimiento, la Luna nunca está exactamente a la misma distancia de la Tierra. Cuando está más cercana, la Luna está a unas 227 000 millas (365 321.09 kilómetros) de la Tierra. Cuando se encuentra más alejada, la Luna está a unas 254 000 millas (408 773.38 kilómetros) de la Tierra.

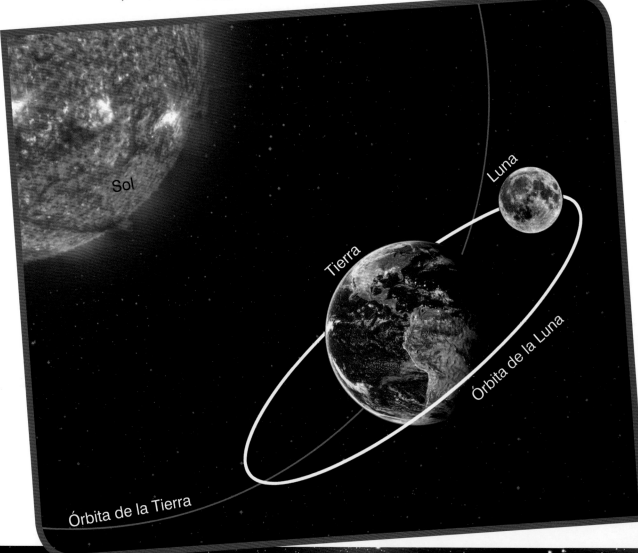

Sol

Luna

Tierra

Órbita de la Luna

Órbita de la Tierra

Con esas cifras, se puede calcular la distancia promedio de la Tierra a la Luna.

Un promedio es un número que representa a un grupo de números. Calcular el promedio muestra cuán alejada está normalmente la Luna de la Tierra.

La Luna se ve de siete diferentes maneras, o fases.

STEM en acción

Tal vez tus padres te pagan por las diferentes tareas domésticas que haces cada semana. A pesar de obtener cantidades diferentes cada semana, puedes calcular tu paga semanal promedio. Digamos que tu paga para tres semanas es:

$$\text{Semana 1} = \$12.50$$
$$\text{Semana 2} = \$13.85$$
$$\text{Semana 3} = \$11.20$$

Basados en esos números, ¿cuál sería tu paga semanal promedio?

Lo puedes calcular en dos pasos. En primer lugar, suma todas las cantidades diferentes:

$$\$12.50 + \$13.85 + \$11.20 = \$37.55$$

El paso siguiente es dividir el resultado por el número de sumandos. Los sumandos son los números que sumaste. En este caso, tenemos tres sumandos: $12.50, $13.85 y $11.20:

$$\$37.55 \div 3 = \$12.51$$

¡Puedes decir que tu paga promedio en esas tres semanas es $12.51!

Ahora, trata de hacer lo mismo con las distancias entre la Tierra y la Luna:

$$227\ 000 + 254\ 000 = 481\ 000$$
$$481\ 000 \div 2 = 240\ 500$$

¡La distancia promedio entre la Tierra y la Luna es 240 500 millas!

El sistema métrico decimal se puede aplicar al espacio y en los viajes espaciales de un número infinito de maneras. Por ejemplo, has aprendido que la distancia promedio de la Tierra a la Luna es de unas 240 500 millas. En el sistema métrico, esa distancia se mide en kilómetros. Convertir millas a kilómetros es fácil. Todo lo que tienes que hacer es multiplicar el número de millas por 1.6. Por lo tanto, ¿cuántos kilómetros hay entre la Tierra y la Luna?

$$240\ 500 \times 1.6 = 384\ 800$$

¡La Luna está solamente a unos 385 000 kilómetros de la Tierra!

STEM en acción

Otra manera de tener una idea sobre la distancia de la Tierra a la Luna es por comparación. Considera la distancia entre dos de las principales ciudades de los Estados Unidos de América. La distancia entre Nueva York y Los Ángeles es de aproximadamente 3000 millas (4 828.03 kilómetros).
¿Cómo se compara esta distancia con la distancia entre la Tierra y la Luna?

Una manera de resolverlo es restándole el número menor al número mayor:

$$240\ 500 - 3000 = 237\ 500$$

¡La distancia de la Tierra a la Luna es 237 500 millas más grande que la distancia entre Nueva York y Los Ángeles!

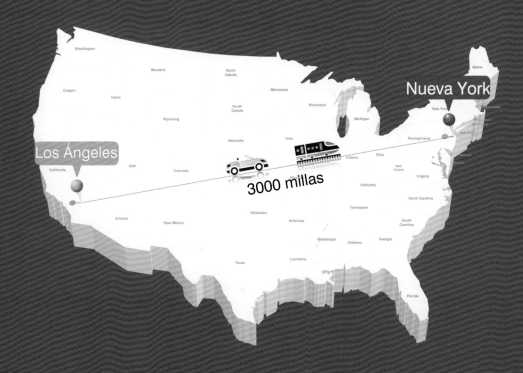

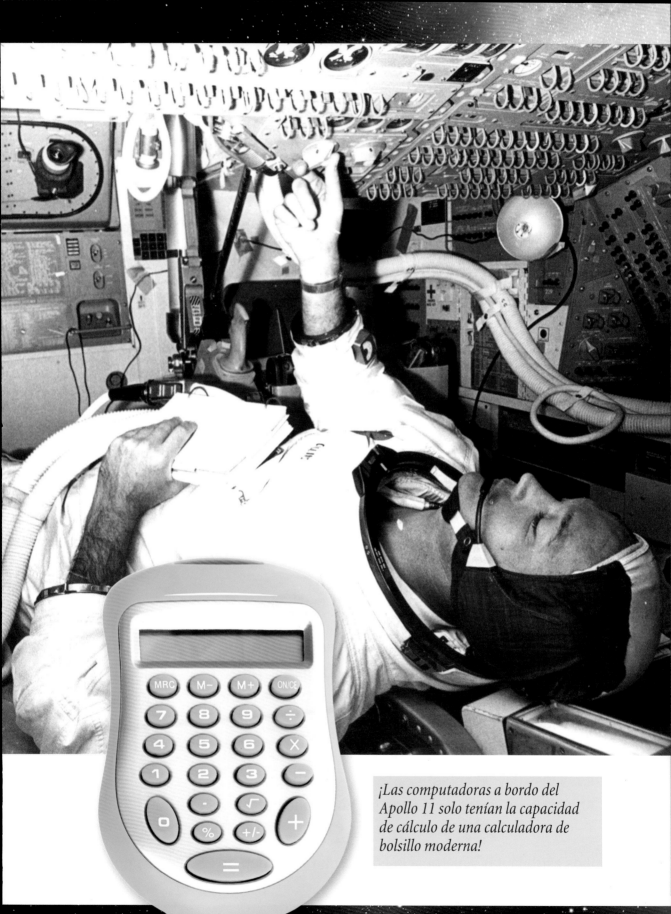

¡Las computadoras a bordo del Apollo 11 solo tenían la capacidad de cálculo de una calculadora de bolsillo moderna!

STEM en acción

Puedes comparar la distancia de Nueva York a Los Ángeles con la distancia de la Tierra a la Luna usando múltiplos. Cualquier número que es multiplicado produce múltiplos. Por ejemplo, multiplica el número cinco por algunos números enteros comunes:

$$0 \times 5 = 0 \qquad 1 \times 5 = 5 \qquad 2 \times 5 = 10$$

¡Las respuestas, 0, 5 y 10, son todos múltiplos de 5! Ahora considera estos números:

$$6 \qquad 24$$

¿Por cuál número tendrías que multiplicar el 6 para que diera como producto 24? Puedes averiguarlo usando la división:

$$24 \div 6 = 4$$

La multiplicación de 6 por 4 da 24. ¡Otra cosa que puedes decir aquí es que el producto, 24, es cuatro veces más grande que seis!

Vamos a hacer lo mismo con las dos distancias

$$240\ 500 \div 3000 = 80.16$$

¡La distancia de la Tierra a la Luna es aproximadamente 80 veces más grande que la distancia de Nueva York a Los Ángeles!

Prueba esto

¡Despegue!

El vuelo del Apollo 11 comenzó el 16 de julio de 1969. Si a los astronautas les tomó 4 días cubrir una distancia de 240 500 millas, ¿cuán rápido viajaban?

Primero, debes saber que hay 24 horas en un día. Ahora, calcula cuántas horas hay en cuatro días.:

$$4 \times 24 = 96$$

¡En 4 días hay 96 horas!

Ahora, divide la distancia entre las horas que duró el viaje:

$$240\ 500 \div 96 = 2505.20$$

¡Los astronautas viajaron a la Luna a una velocidad de 2500 millas por hora!

Las mayoría de estos cohetes no viajan por el espacio exterior. Las partes de abajo solo impulsan a la cápsula espacial que está en la parte superior hasta que esté fuera del alcance del campo gravitacional de la Tierra.

Nuestro sistema solar

La Tierra es parte de un grupo mucho mayor de planetas que **orbitan** alrededor del Sol. Por eso es que llamamos a ese grupo, nuestro sistema solar. Nuestro sistema solar tiene ocho planetas.

Venus

Mercurio

Sol

Tierra

Marte

Júpiter

¿Sabías qué...?

Plutón

Plutón era considerado el noveno planeta de nuestro sistema solar. Sin embargo, en 2006, los científicos decidieron que Plutón era demasiado pequeño para ser considerado un planeta y lo reclasificaron como un planeta enano.

Urano

Saturno

Neptuno

El planeta Tierra es un lugar grande. Sostiene a una población de más de 7 mil millones de personas. Pero la Tierra no es el planeta más grande del sistema solar. Para poder entender los tamaños de los planetas, necesitas saber un poco acerca del **diámetro**.

Si alguien te pidiera que midieras la longitud de tu cama, lo harías con una cinta métrica o incluso una regla. Pero ¿qué pasa si alguien te pide que midas la longitud de una pelota de baloncesto?

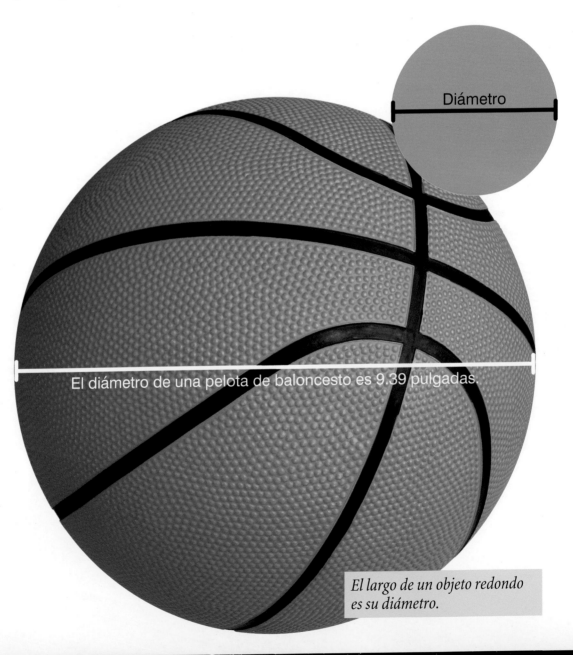

Diámetro

El diámetro de una pelota de baloncesto es 9.39 pulgadas.

El largo de un objeto redondo es su diámetro.

Un objeto redondo se mide de manera diferente que un objeto plano. Medir la longitud de la pelota de baloncesto podría ser complicado. Pero medir algo redondo y plano, como una pizza, no sería demasiado difícil. Todo lo que necesitas hacer es poner una regla sobre la pizza y encontrar la distancia más larga entre dos puntos de la corteza. Para asegurarte de que mides la distancia más larga entre los dos puntos de la pizza, debes estar seguro de que la regla pase por el centro de la pizza.

Ese es el diámetro. El diámetro es la línea recta que pasa a través del centro de un círculo conectando dos puntos de la **circunferencia**. Usamos la longitud del diámetro para medir el tamaño de un planeta.

La Tierra tiene un diámetro de aproximadamente 7927 millas (12 757 kilómetros). La Luna, en comparación, tiene un diámetro de unas 2160 millas (3476 kilómetros).

Para facilitar las cosas, vamos a redondear los números. Digamos que lá Tierra tiene un diámetro de aproximadamente 8000 millas (12 874 kilómetros) y la Luna tiene un diámetro de 2000 millas (3218 kilómetros).

Diámetro de 8000 millas

STEM en acción

¿Cómo podrías comparar estas dos distancias? Podemos restarle el número menor al número más grande:

$$8000 - 2000 = 6000$$

¡El diámetro de la Tierra es aproximadamente 6000 millas mayor que el diámetro de la Luna!!

Otra manera de comparar estas distancias es usar múltiplos:

$$8000 \div 2000 = 4$$

¡El diámetro de la Tierra es aproximadamente 4 veces mayor que el diámetro de la Luna! O, para decirlo de otra manera, el diámetro de la Luna es aproximadamente 1/4 del de la Tierra.

Diámetro de 2000 millas

Veamos la lista de los planetas de nuestro sistema solar. Esta vez, sin embargo, incluiremos el diámetro de cada planeta:

Mercurio – 3049 millas (4878 kilómetros)

Venus – 7565 millas (12 174 kilómetros)

Tierra – 7927 millas (12 757 kilómetros)

Marte – 4243 millas (6828 kilómetros)

Júpiter – 89 500 millas (144 036 kilómetros)

Saturno – 75 000 millas (120 700 kilómetros)

Urano – 32 125 millas (51 700 kilómetros)

Neptuno – 30 938 millas (49 789 kilómetros)

Júpiter es el más grande de los ocho planetas de nuestro sistema solar.

¿Cuánto más grande es Júpiter que la Tierra?

$$89\ 500 - 7927 = 81\ 573$$

¡El diámetro de Júpiter es unas 81 573 millas más grande que el de la Tierra! Otra forma de expresar el tamaño de Júpiter es usar múltiplos, tal y como hiciste con la Tierra y la Luna. Simplemente divide el número mayor entre el número menor:

$$89\ 500 \div 7927 = 11.29$$

¡Júpiter es aproximadamente 11 veces mayor que la Tierra!

El número que probablemente te llamó la atención es el diámetro de Júpiter. Como puedes ver, Júpiter es mucho más grande que los otros planetas de nuestro sistema solar.

Diámetros de objetos de nuestro sistema solar:

Sol
864 000 millas
(1 390 473.22 kilómetros)

Mercurio
3049 millas
(4878 kilómetros)

Venus
7565 millas
(12 174 kilómetros)

Tierra
7927 millas
(12 757 kilómetros)

Marte
4243 millas
(6828 kilómetros)

Una pregunta: ¿Cuál es el objeto más grande de nuestro sistema solar?

Quizás dijiste, Júpiter. Parece la respuesta obvia, considerando su enorme tamaño. Sin embargo, hay un objeto mucho más grande en el sistema solar, el Sol.

Comparado con el Sol, incluso el gigante Júpiter parece pequeñito. ¡Se estima que el diámetro del Sol es de unas 864 000 millas (1 390 473.22 kilómetros)!

STEM
en acción

¿Cómo se compara el diámetro del Sol con el de Júpiter?

$$864\ 000 \div 89\ 500 = 9.65$$

Podemos decir dos cosas a partir de este resultado. Primero, podemos decir que el tamaño del Sol es unas 10 veces mayor que el de Júpiter. ¡También podemos decir que Júpiter es un décimo del tamaño del Sol! ¿Cómo queda la comparación de la Tierra con el Sol?

$$864\ 000 \div 7927 = 108.9$$

¡El Sol es unas 109 veces más grande que la Tierra!

Júpiter
89 500 millas
(144 036 kilómetros)

Saturno
75 000 millas
(120 700 kilómetros)

Urano
32 125 millas
(51 700 kilómetros)

Neptuno
30 938 millas
(49 789 kilómetros)

STEM Dato rápido!

Satélites

Nuestro sistema solar también incluye una multitud de objetos más pequeños que orbitan los ocho planetas principales. Estos objetos más pequeños a veces se llaman **satélites**. El planeta Tierra tiene solamente un satélite, la Luna. Otros planetas tienen muchos más. Urano tiene 27 satélites. ¿Cuántos satélites más tiene Urano que la Tierra?

$$27 - 1 = 26$$

¡Urano tiene 26 satélites más que la Tierra!

Midiendo distancias

Ahora que has visto los tamaños de los diferentes planetas y el Sol, te puedes preguntar de qué tamaño es el sistema solar entero. Esto es una pregunta complicada. Depende de lo que consideremos como la **frontera** del sistema solar. Aunque algunos científicos prefieren decir que la frontera está mucho más allá, muchos han usado la posición de Plutón, uno de los planetas enanos, como el límite de nuestro sistema solar.

El tamaño de Júpiter, o incluso el del Sol, no es nada en comparación con las vastas distancias entre los planetas. Estas distancias son tan grandes, que incluso los científicos han desarrollado una unidad de medida especial para estas. Se llama **unidad astronómica** (UA).

Una unidad astronómica es la distancia del Sol a la Tierra, que son unas 92.9 millones de millas (149.5 millones de kilómetros) o 1 UA.

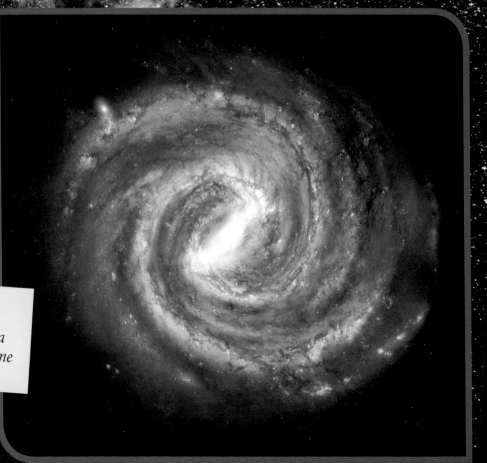

Nuestro sistema solar está en una galaxia llamada La Vía Láctea, que tiene forma de espiral.

Plutón está a 39.4 UA del Sol. Recuerda que el diámetro es la línea recta que pasa a través del centro de un círculo conectando dos puntos de la circunferencia. Entonces, imagina que la línea recta entre el Sol y Plutón es la mitad de un diámetro.

Venus

Mercurio

Sol

Tierra

Marte

Júpiter

Saturno

Urano

Neptuno

Plutón

39.4 UA

STEM
en acción ?

Para poder calcular el diámetro de nuestro sistema solar, debes multiplicar por 2 la distancia entre el Sol y Plutón:

$$39.4 \times 2 = 78.8$$

¡Nuestro sistema solar mide unas 79 UA! Para expresar esta cantidad en millas, multiplica la medida en unidades astronómicas por el número de millas que hay en una UA:

$$79 \times 92\ 900\ 000 = 7\ 339\ 100\ 000$$

¡Nuestro sistema solar tiene más de 7 mil millones de millas de diámetro!

Ahora que tienes conocimientos sobre las unidades astronómicas, puedes examinar cuán lejos de la Tierra están los demás planetas.

Esta es la lista de los 8 planetas mayores y sus distancias hasta el Sol:

Mercurio – 0.04 UA

Venus – 0.07 UA

Tierra – 1 UA

Marte – 1.5 UA

Júpiter – 5.2 UA

Saturno – 9.6 UA

Urano – 19.2 UA

Neptuno – 30.1 AU

STEM
Dato rápido !

Todoterreno en Marte

Curiosity es un todoterreno robótico del tamaño de un auto que está explorando el cráter Gale en Marte, como parte de la misión Laboratorio de Ciencias de Marte (LCM), de la NASA.

Los objetivos científicos más importantes de la misión LCM es determinar si Marte alguna vez albergó vida, así como determinar el papel del agua y estudiar el clima y la geología de Marte.

La superficie de Marte parece roja porque está compuesta por óxido de hierro.

STEM en acción ❓

Si Marte está a 1.5 UA del Sol, y la Tierra está a 1 UA del Sol, ¿a qué distancia está Marte de la Tierra?

$$1.5 - 1 = 0.5 \text{ UA}$$

Marte está a 0.5 UA de la Tierra.
¿Cuántas millas es eso?

$$92\ 900\ 000 \times 0.5$$
$$= 46\ 450\ 000$$

¡Marte está a unas 46 millones de millas de la Tierra!

STEM en acción ?

Antes, calculamos que los astronautas del Apollo 11 viajaron a la Luna a una velocidad de 2500 millas por hora (4630 kilómetros por hora).

¿Cuánto tiempo les tomaría a los astronautas llegar a Marte a esa velocidad?

$$46\ 450\ 000 \div 2500 = 18\ 580$$

¡18 580 horas! ¿Cuántos días es eso?

$$18\ 580 \div 24 = 774.1$$

¡Unos 774 días!

Si un año tiene 365 días, ¿cuántos años demorarían los astronautas en llegar a Marte?

$$774 \div 365 = 2.12$$

¡Más de dos años!

La nave espacial que viajó a la Luna en 1969 era mucho más lenta que una nave espacial moderna. Si hoy en día se realizara una misión a Marte, se utilizarían naves que podrían viajar a mucha mayor velocidad. La mayoría de los científicos imagina un viaje de apenas unos meses de duración. Algunos piensan que el viaje podría realizarse en tan solo 6 meses.

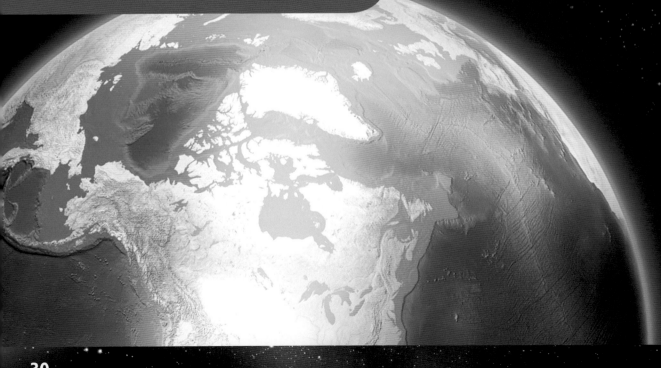

La nueva nave espacial de la NASA para la exploración humana, Orión, se está construyendo para misiones tripuladas a la Luna y a otros destinos del espacio profundo, como los asteroides y Marte. Se espera que la primera misión tripulada ocurra después de 2020.

¿A qué velocidad debe ir una nave para que una tripulación de astronautas pueda llegar a Marte en seis meses?

Si sabes que un año tiene 365 días y que seis meses es medio año, puedes calcular la velocidad a que deben ir los astronautas.

STEM en acción ?

Si 6 meses es la mitad de un año, ¿cuántos días es esto? Lo puedes averiguar dividiendo el número de días en un año por 2:

$$365 \div 2 = 182.5$$

¡Hay 183 días en 6 meses! Si hay 24 horas en un día, ¿cuántas horas hay en 183 días?

$$24 \times 183 = 4392$$

¡Hay 4392 horas en 183 días!

Para averiguar la velocidad a la que los astronautas tendrán que viajar para alcanzar Marte en 6 meses, divide la distancia (en millas) de la Tierra a Marte por el número de horas en 6 meses:

$$46\ 450\ 000 \div 4392$$
$$= 10\ 576.04$$

¡Los astronautas viajarían a aproximadamente 10 600 millas por hora!

STEM
Dato rápido !

Años luz

Una unidad de medida relacionada con las unidades astronómicas es el año luz, también conocido como el astron. Un año luz es la distancia recorrida por la luz en un año o 365 días. La medida aproximada de un año luz es unos 5.88 billones de millas, o

¡5 880 000 000 000 millas!

Los años luz se utilizan para medir distancias para las que incluso las unidades astronómicas (UA) son demasiado pequeñas. Un ejemplo es la distancia entre el Sol y la estrella más cercana de nuestra galaxia, Alfa Centauro, que está a unos 4.3 años luz. ¿Puedes calcular la cantidad de millas que hay en 4.3 años luz?

¡25 284 000 000 000 millas!

Todo sobre la gravedad

Las órbitas de los planetas son creadas por la misma fuerza que hace caer hacia la Tierra una pelota de fútbol después de ser pateada al aire. Esto es a lo que llamamos fuerza de **gravedad**.

¿Cuánto pesas? Cualquiera que sea el número, probablemente expresas tu peso en libras. ¿Sabías que las libras son en realidad una medida de fuerza? Las libras son una medida de la cantidad de gravedad ejercida sobre un objeto.

Si alguna vez has intentado levantar un objeto pesado, ya sabes que algunas cosas son más pesadas que otras. Un libro de texto es más pesado que una tarjeta de cumpleaños. Una roca es más pesada que una piña de pino.

El peso varía debido a la masa. Imagina dos objetos que son aproximadamente del mismo tamaño, tales como un bate de béisbol hecho de madera y un bate de béisbol hecho de plástico. Si los dos son más o menos del mismo tamaño, ¿entonces por qué el bate de madera pesa más que el bate de plástico? La respuesta es que el bate de madera tiene más masa.

La masa es una palabra que describe la cantidad de materia contenida en un objeto. Objetos con más masa pesan más porque tienen más materia sobre la cual la gravedad puede ejercer fuerza. Por esta razón, un ladrillo pesa más que un trozo de madera del mismo tamaño.

Cuando Neil Armstrong y Buzz Aldrin caminaron en la Luna por primera vez, ellos vestían trajes espaciales con botas a las que se les puso peso extra. Esto se hizo para compensar el hecho de que la Luna tiene mucho menos fuerza gravitacional que la Tierra. Tiene sentido si te acuerdas de que la Luna tiene aproximadamente 1/4 del tamaño del planeta Tierra.

La atracción gravitacional de la Luna es aproximadamente 1/6 de la de la Tierra. Si un objeto pesa 60 libras en la Tierra, ¿cuánto pesaría en la Luna?

60 libras

¡Sin sus botas con peso extra, los astronautas que caminaron por la Luna se hubieran ido flotando por el espacio!

STEM en acción

La atracción gravitacional en la Luna es 1/6 de la que hay en la Tierra. Para encontrar el valor de la fracción, tienes que dividir el numerador entre el denominador:

$$1 \div 6 = 0.16$$

Por tanto, para averiguar cuánto pesa un objeto de 60 libras en la Luna, solo tienes que multiplicar el peso del objeto por 0.16:

$$60 \times 0.16 = 9.6$$

¡Un objeto que pesa 60 libras en la Tierra pesaría aproximadamente 10 libras en la Luna!

Antes de hacer cualquier cálculo, mira el número usado para comparar el tirón gravitacional de la Luna con el de la Tierra: 1/6. 1/6 es una **fracción**. Las fracciones son, en cierto modo, una especie de problema de división oculto. Las fracciones se componen de dos números. El número por encima de la barra se llama el **numerador**. El número debajo de la barra es el **denominador**.

10 libras

En el futuro, las personas seguramente visitarán otros planetas de nuestro sistema solar.

STEM Dato rápido !

Cada planeta tiene un tamaño y una masa diferentes. ¿Qué pesos tendrán las personas en cada uno de ellos?
Esta es una tabla que puedes usar para calcular los pesos en los ocho planetas de nuestro sistema solar:

Mercurio - 0.4

Venus - 0.9

Tierra - 1

Marte - 0.4

Júpiter - 2.5

Saturno - 1.1

Urano - 0.8

Neptuno - 1.2

Supón que una persona pesa 150 libras (68 kilogramos) en la
Tierra. ¿Cuánto pesaría esa persona en Marte?

¿Cuánto pesarías en otros planetas?

150 libras

Tierra

60 libras

Marte

375 libras

Júpiter

Para calcularlo solo tienes que multiplicar el peso en la Tierra por el número que está al lado de cada planeta, en la tabla:

$$150 \times 0.4 = 60$$

¡Una persona que pesa 150 libras en la Tierra pesa 60 libras en Marte!!

¿Cuánto pesaría esa misma persona en Júpiter?

$$150 \times 2.5 = 375$$

¡375 libras!

La unidad de medida básica de masa en el sistema métrico es el kilogramo. Para convertir de libras a kilogramos debes multiplicar la cantidad de libras por 0.45. Por tanto, si un astronauta pesa 175 libras en la Tierra, ¿cuántos kilogramos pesa?

$$175 \times 0.45 = 78.75$$

¡Unos 79 kilogramos!

¿Cuántos kilogramos pesaría ese astronauta en Marte?

$$79 \times 0.45 = 35.55$$

Un astronauta que pesa 79 kilogramos en la Tierra, ¡pesa aproximadamente 36 kilogramos en Marte!

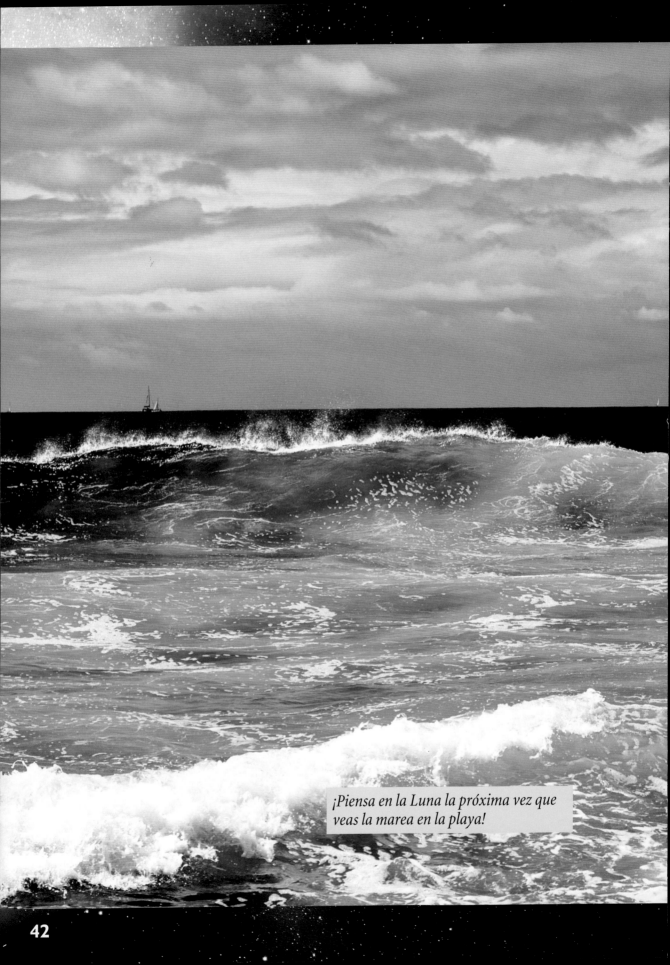

¡Piensa en la Luna la próxima vez que veas la marea en la playa!

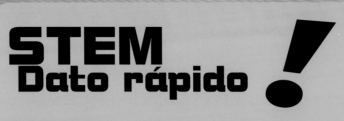

STEM Dato rápido

Las mareas

No toda la gravedad que afecta nuestras vidas se origina en la Tierra. Las mareas que baten nuestras playas con agua están influenciadas por la fuerza gravitacional de la Luna. El agua de los océanos y de otros cuerpos de agua, es atraída hacia afuera de la superficie terrestre. Esto hace que los niveles de agua suban y bajen en diferentes lugares de la Tierra. La primera persona en descubrirlo fue Isaac Newton, ¡que también descubrió la gravedad!

Conclusión

Ahora que tienes algunos conocimientos sobre cómo se relacionan las matemáticas y la exploración espacial, probablemente sientas mucho más respeto por todo el trabajo que se realiza en una misión espacial. Se necesita trabajar muy duro y mucha preparación para llevar a cabo un viaje seguro y exitoso. Tal vez querrás considerar convertirte en astronauta. Tal vez puedas convertirte en ingeniero y diseñar naves espaciales. ¡Sueña en grande, todo es posible!

¡Estudia mucho y un día podrás ser astronauta!

Glosario

circunferencia: el borde o contorno de un círculo

denominador: el número debajo de la barra en una fracción

diámetro: el largo de la línea recta que pasa por el centro de un círculo conectando dos puntos en la circunferencia

fracción: otra forma de escribir un problema de división; un número compuesto por dos números

frontera: el borde exterior de algo

gravedad: la fuerza invisible que atrae objetos más pequeños hacia un planeta

numerador: el número que está sobre la barra en una fracción

órbita: el recorrido de un cuerpo que se mueve alrededor de otro cuerpo más grande en el espacio

orbita: da vueltas; rota

satélites: cuerpos que orbitan un planeta

unidades astronómicas: medida usada para representar distancias en el espacio exterior

Índice

Alfa Centauro   33

años luz   33

astronautas   12, 30, 32, 37

espacio exterior   5

estrellas   4, 5

exploración espacial   5, 44

gravedad   34, 36, 43

Júpiter   15, 19, 20, 25, 28, 39

luna(s)   6, 7, 8, 9, 10, 14, 18,
    20, 22, 30, 36, 38, 43

Marte   15, 19, 20, 28, 30, 32,
    39, 40

masa   35, 36, 41

mareas   43

Mercurio   20, 28, 39

misión del *Apollo 11*   6, 11, 12,
30

Neptuno   15, 19, 21, 28

Newton, Isaac   43

órbita(s)   7, 14, 21, 34

planetas   5, 14, 19, 22, 24, 25,
    26, 28, 39

Plutón   15, 24, 26

satélites   22

Saturno   15, 19, 21, 28

sistema métrico   9, 41

sistema solar   5, 14, 15, 16, 19,
    20, 22, 24

Sol   7, 14, 20, 25, 26, 28, 33

Tierra   5, 7, 8, 10, 12, 14, 16,
18,
    19, 20, 22, 25, 26, 28, 34, 36,
    38, 40, 43

unidades astronómicas (UA)
25, 26, 27, 33

Urano   15, 19, 21, 22, 28, 39

Venus   14, 19, 20, 28, 39

Sistema métrico

En realidad tenemos dos sistemas de pesos y medidas en los Estados Unidos. Los cuartos de galón, las pintas, los galones, las onzas y las libras son todas las unidades tradicionales del sistema estadounidense de medidas, también conocido como el Sistema inglés.

El otro sistema de medidas y el único autorizado por el Gobierno de los Estados Unidos, es el Sistema métrico, que también se conoce como el Sistema Internacional de Unidades. Los científicos franceses desarrollaron el sistema métrico en los años 1790. La unidad básica de medida en el sistema métrico es el metro, que es una diezmillonésima de la distancia del Polo Norte al ecuador.

Cómo convertir el Sistema inglés al Sistema métrico			
Convertir:	A:	Multiplica por:	Ejemplo:
pulgadas (in)	milímetros (mm)	25.40	2 in x 25.40 = 50.8 mm
pulgadas (in)	centímetros (cm)	2.54	2 in x 2.54 = 5.08 cm
pies (ft)	metros (m)	0.30	2 ft x .30 = 0.6 m
yardas (yd)	metros (m)	0.91	2 yd x .91 = 1.82 m
millas (mi)	kilómetros (km)	1.61	2 mi x 1.61 = 3.22 km
millas por hora (mph)	kilómetros por hora (km/h)	1.61	2 mph x 1.61 = 3.22 km/h
onzas (oz)	gramos (g)	28.35	2 oz x 28.35 = 56.7 g
libras (lb)	kilogramos (kg)	0.454	2 lb x .454 = 0.90 8 kg
toneladas (T)	toneladas métricas (MT)	1.016	2 T x 1.016 = 2.032 MT
onzas (oz)	mililitros (ml)	29.57	2 oz x 29.57 = 59.14 ml
pintas (pt)	litros (l)	0.55	2 pt x .55 = 1.1 l
cuartos (qt)	litros (l)	0.95	2 qt x .95 = 1.9 l
galones (gal)	litros (l)	3.785	2 gal x 3.785 = 7.57

Sitios de la internet

www.pbs.org/teachersource/mathline/concepts/space.shtm
PBS Teacher Source – Mathline, Space

www.hypertextbook.com/facts/2004/StevenMai.shtml
Hypertextbook – Diameter of the Solar System

library.thinkquest.org/CR0215468/apollo_11.htm
Think Quest – Apollo 11

Demuestra lo que sabes

1. ¿A qué distancia está la Tierra del Sol?

2. Define la gravedad. ¿Qué pasa cuando los astronautas viajan a la Luna?

   ¿Son más ligeros o más pesados?

3. ¿Cómo clasifican los científicos a Plutón?

4. ¿Cuál es el planeta más grande del sistema solar?

5. ¿Cómo se llama nuestra galaxia?

EL USO DEL MÉTODO
CIENTÍFICO

Kirsten W. Larson

ROurke
Educational Media

rourkeeducationalmedia.com

Antes de leer:

Aumentar el vocabulario académico usando conocimientos previos

Antes de leer un libro, es importante aprovechar lo que sus hijos o los estudiantes ya saben sobre el tema. Esto les ayudará a desarrollar el vocabulario, aumentar la comprensión de la lectura, y hacer conexiones a través del plan de estudios.

1. *Mira la portada del libro. ¿De qué tratará este libro?*
2. *¿Qué es lo que ya sabes sobre el tema?*
3. *Vamos a estudiar el contenido. ¿Sobre qué vas a aprender en los capítulos del libro?*
4. *¿Qué te gustaría aprender acerca de este tema? ¿Crees que puedas aprender algo de esto en este libro? ¿Por qué o por qué no?*
5. *Utiliza un diario de lectura para escribir acerca de tu conocimiento de este tema. Escribe lo que ya sabes sobre el tema y lo que esperas aprender sobre el tema.*
6. *Lee el libro.*
7. *En tu diario de lectura, escribe lo que has aprendido acerca del tema y tu reacción a su contenido.*
8. *Después de leer el libro, completa las actividades que aparecen a continuación.*

Vocabulario Área de contenido

Lee la lista. ¿Qué significan estas palabras?

analizar
comparar
comunicar
controlar
discrepancia
impacto
inconcluso
interpretado
manipular
nocturno
observar
pares
proceso
razonamiento
riguroso
técnicas
variable
variable dependiente
variable independiente

Después de leer:

Actividades de comprensión y de extensión

Después de leer el libro, haga las siguientes preguntas a su hijo o a los estudiantes con el fin de comprobar el nivel de comprensión de la lectura y el dominio del contenido.

1. *¿A quién se le puede acreditar el descubrimiento del método científico? (Resumir)*
2. *¿Quién utiliza la información generada por los científicos? (Preguntar)*
3. *Mira alrededor de la habitación. ¿Qué tipo de preguntas podrías probar? (Texto de auto-conexión)*
4. *Explica lo que significa discrepancia. (Resumir)*
5. *¿Por qué la evidencia es tan importante para los científicos? (Preguntar)*

Actividad de extensión

¡Haz la conexión y piensa como un científico! Utilizando el método científico, construye la mejor fórmula para hacer burbujas utilizando jabón para lavar platos y agua. ¿Qué diferentes marcas de jabón vas a utilizar? ¿Cuánta agua y jabón de lavar platos serán necesarios para crear la mejor fórmula para crear burbujas? ¿Cuál es tu variable en este experimento? Sigue el método científico mediante la creación de una hipótesis, un procedimiento, anotando los datos y analizando tus resultados.

CONTENIDO

C.1   Las ciencias, paso a paso. 4

C.2   Mundo real, ciencia real 10

C.3   Requisitos del método 26

C.4   El método científico en acción. 35

Glosario 46

Índice 47

Sitios para visitar en la red 47

Sobre la autora 48

CAPÍTULO UNO

LAS CIENCIAS, PASO A PASO

En 1919, el doctor canadiense Frederick Banting leyó acerca del páncreas en una revista de medicina. De la lectura le surgió una idea. ¿Podría extraer la insulina del páncreas y usarla para curar a personas con diabetes?

Banting diseñó un experimento, una prueba científica. Aisló una parte del páncreas de algunos perros y les extrajo insulina. Este químico desbloquea las células y permite que el ázucar entre en la sangre. A otros perros, les extrajo el páncreas para causarles diabetes.

Banting le inyectó la insulina a los perros enfermos. Después de muchos intentos, se dio cuenta de que su suposición era correcta. ¡Dándole insulina a los perros redujo el azúcar en la sangre!

El estudiante Charles Best (izquierda) ayudó al Dr. Charles Banting (derecha) con su investigación. Aquí, los dos de pie con uno de los perros diabéticos utilizados en las pruebas.

Cómo funciona el páncreas

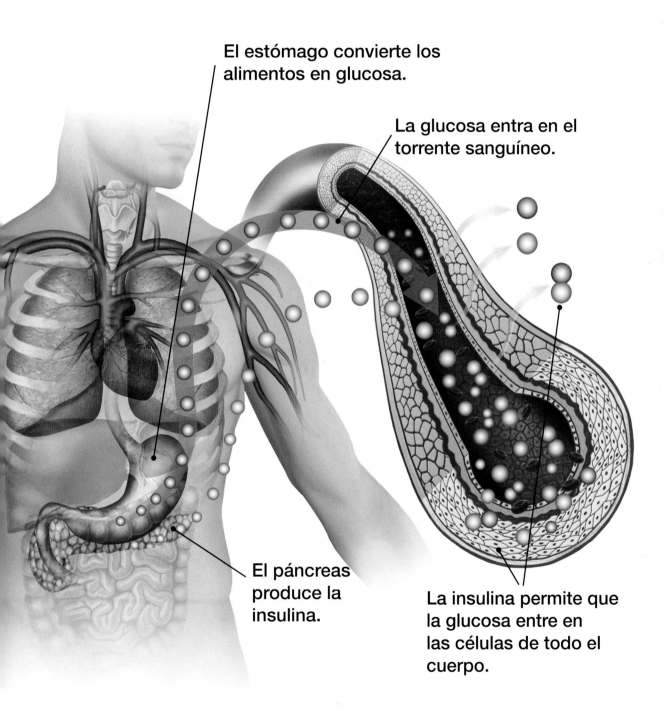

El estómago convierte los alimentos en glucosa.

La glucosa entra en el torrente sanguíneo.

El páncreas produce la insulina.

La insulina permite que la glucosa entre en las células de todo el cuerpo.

5

¡Las inyecciones funcionaron también en las personas! Banting publicó sus resultados en una revista de medicina para compartir su descubrimiento con otros científicos.

Las personas con diabetes se inyectan ellos mismos para mantener niveles de azúcar adecuados.

Todos los científicos deben seguir el método científico al llevar a cabo sus experimentos.

Banting utilizó un **proceso** llamado el método científico para lograr su descubrimiento. El método científico es un proceso que se sigue paso a paso para solucionar problemas científicos. Los científicos lo utilizan todos los días.

El método científico

OBSERVAR y hacer preguntas.

INVESTIGAR

Hacer una **HIPÓTESIS**

Diseñar y llevar a cabo un **EXPERIMENTO**

ANALIZAR resultados, sacar conclusiones, y compartirlas.

El método científico tiene cinco partes. Primero, mira a tu alrededor y haz preguntas. Luego, investiga para averiguar lo que ya los científicos saben sobre el problema. Haz una conjetura, llamada hipótesis. Pon a prueba tu conjetura. Por último, **analiza** los resultados, **desarrolla** una conclusión, y comparte lo que has aprendido.

Parece fácil. Pero a veces el método científico no es tan sencillo. A menudo, los científicos van hacia adelante y hacia atrás, paso a paso. Después de algunos experimentos, pueden revisar su conjetura. O puede que tengan que cambiar partes del experimento.

Banting tuvo que cambiar su experimento cuando un paciente resultó ser alérgico a la insulina. Banting purificó más la insulina y repitió la prueba.

CAPÍTULO DOS

MUNDO REAL, CIENCIA REAL

Es probable que ya utilices partes del método científico. Durante las prácticas en la pista, observas que la camiseta de alta tecnología de un amigo parece estar seca, pero tu camiseta de algodón se empapa. ¿Qué está sucediendo?

¿Por qué las camisetas de alta tecnología se secan más rápido que las de algodón?

¿Sabes qué? Ya has utilizado el primer paso del método científico: observar y hacer preguntas. Cuando **observas**, estudias algo con cuidado. Cuando realmente prestas atención, es posible que veas algunos patrones. Después de observar todas las camisetas de tus compañeros, te preguntas, ¿se secan más rápido las telas hechas por el hombre?

Ya tienes los ingredientes para un experimento científico. Puedes probar la rapidez con que diversas camisetas se secan. Pero aquí está la clave. Para las ciencias, no puedes hacer cualquier pregunta. Tiene que ser una que puedas comprobar.

Intenta probar esta pregunta: ¿qué camiseta se ve mejor? Tú y tus compañeros de clase, probablemente, tienen opiniones diferentes. No hay una sola respuesta.

Preguntas sobre opiniones no se pueden responder utilizando el método científico.

La investigación es un paso esencial en el análisis de una pregunta científica.

Ahora ya estás listo para la investigación, que es el segundo paso. La investigación te ayuda a formar una respuesta temporal a tu pregunta. Te puede dar pistas sobre el diseño de la prueba. Busca libros en la biblioteca y echa un vistazo en Internet para obtener información reciente.

13

Asegúrate de que tu hipótesis está escrita en la forma de una declaración, y no como una pregunta.

En la tercera etapa del método, respondes a tu pregunta con una conjetura bien fundamentada, llamada hipótesis. Esta conjetura a menudo toma la forma de una declaración: "si ..., entonces ...". Tu hipótesis podría ser: Si una camiseta está fabricada de tela hecha por el hombre, entonces, se seca más rápido.

La hipótesis intenta relacionar dos cosas. En este caso, estás probando la relación entre la tela y la rapidez con la que las camisas se secan.

Tela hecha por el hombre

Tela de algodón

La variable A	tamaño	color	agua	La variable B
Tela hecha por el hombre	mediana	rosado	medio litro	10 minutos
Tela de algodón	mediana	rosado	medio litro	20 minutos

Muchos científicos prueban su conjetura a través de una prueba controlada llamada experimento, que es el cuarto paso. Esto les ayuda a entender cómo cambiar una cosa afecta otra. Cualquier cosa que cambia en un experimento se llama una **variable**. Las variables varían o cambian.

Para tu experimento con la camiseta, cambia la tela de las camisetas. Eso es una variable. También lo es el tiempo de secado. Todo lo demás, como el tamaño de la camiseta, el color, la cantidad de agua, y el tiempo invertido en la secadora debe ser igual. De lo contrario, no vas a saber si la tela o el tamaño de la camiseta cambió el tiempo de secado.

Variables desconcertantes

*Las variables pueden ser desconcertantes. Pero no tienen que serlo. Los científicos trabajan con dos tipos principales. La **variable independiente** es la que los científicos controlan. En tu experimento, llevas a cabo pruebas con diferentes tipos de telas. La tela es la parte que cambia. Es la **variable independiente**.*

*Cuando cambias la tela, se producen otros cambios. Ese cambio es el tiempo de secado. El tiempo de secado es el cambio que tu experimento está diseñado a medir. El cambio que se mide es la **variable dependiente**.*

La variable dependiente depende de la variable independiente. No habría ningún cambio en el tiempo de secado si no hubiera diferentes telas para comparar. De ese modo, la variable dependiente y la independiente trabajan juntas en un experimento.

Variable independiente

Variable dependiente

Para asegurarse de que todo lo que hacen es igual, los científicos siguen un procedimiento, es decir escriben los pasos que seguirán. Imagínate que es como una receta para el experimento. Cuando es el momento de hacer el experimento, lo repiten muchas veces.

Procedimiento

Materiales: Camiseta de algodón, camiseta de alta tecnología, 2 cubetas, taza de medir, secadora, cronómetro, agua del grifo, termómetro

Procedimiento:
1) Vierte medio litro de agua fría en una cubeta. El agua debe estar a 60 grados.
2) Coloca la camiseta en la cubeta.
3) Pon el cron metro que marque 10 minutos.
4) Coloca la camiseta en la secadora.
5) Pon la secadora que marque 30 minutos, pero revisa la camiseta cada 5 minutos hasta que se seque.
6) Anota el tipo de camiseta y el tiempo de secado en el cuaderno de ciencias.
7) Repite con la otra camiseta.

Prueba 1

Camiseta
de alta
tecnología

Camiseta
de
algodón

Prueba 2

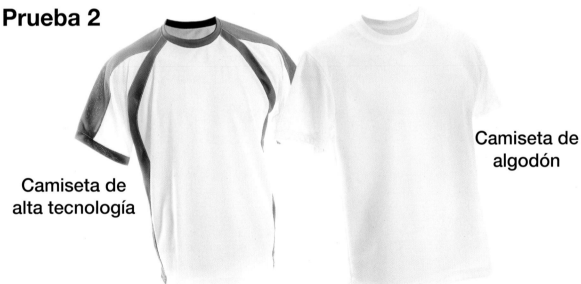

Camiseta de
alta tecnología

Camiseta de
algodón

En tu prueba, puedes usar una camiseta negra de algodón y una camiseta negra de alta tecnología para la primera prueba. En la segunda ronda, escoge camisetas blancas de los dos mismos materiales. Mide cuán seca están las camisetas cada cinco minutos. Mantén un registro de tus resultados. La evidencia o información demostrará si tu conjetura era correcta.

Para mantener el control

*Muchos experimentos de laboratorio utilizan un grupo de **control** para permitir a los científicos comparar los resultados. En los estudios médicos, un grupo de pacientes toma un nuevo medicamento. Un grupo de control toma una píldora que se parece al medicamento. Pero esta píldora no contiene ninguna medicina. Si el grupo que toma el nuevo medicamento mejora, pero el grupo de control no mejora, los científicos saben que el nuevo medicamento ha funcionado.*

Antes de llegar a una conclusión, los científicos tienen que analizar sus evidencias. A menudo utilizan gráficas que los ayudan a ver lo que más se destaca.

Cuando haces una gráfica de las telas y los tiempos promedio de secado, ves que las telas de alta tecnología siempre ganan. Llegas a la conclusión de que tu hipótesis era correcta.

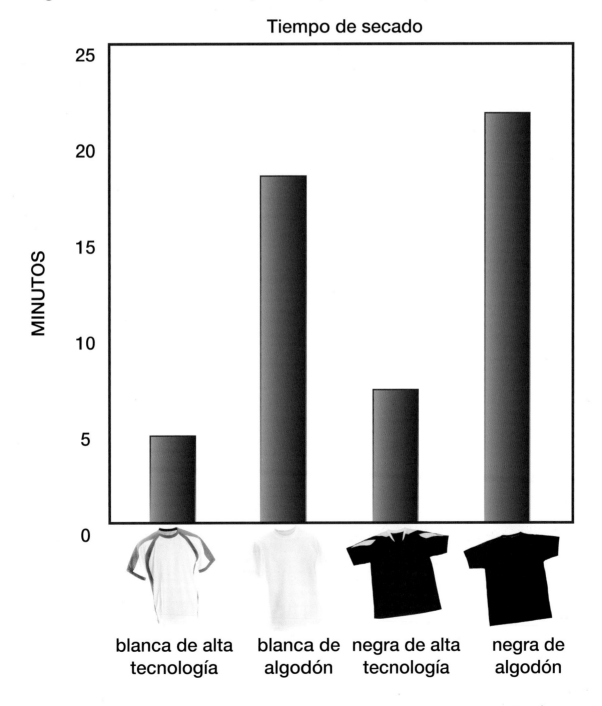

Tiempo de secado

Otros científicos copian un experimento para asegurarse que los resultados son exactos.

Los científicos comparten ampliamente sus resultados para que otros científicos puedan revisarlos y cuestionarlos. Una forma en que los científicos **se comunican** es mediante la publicación de informes en revistas.

Antes de publicar un informe en una revista, el editor le pide a otros científicos que lo revisen. Este proceso se llama revisión por **pares**. Los revisores miran el procedimiento, la evidencia, y cómo esa evidencia fue **interpretada**. Una segunda forma de compartir los resultados científicos es mediante la presentación de sus resultados en reuniones científicas.

Los científicos comparten sus hallazgos con expertos en su campo.

CAPÍTULO TRES

REQUISITOS DEL MÉTODO

El método científico es relativamente nuevo. Antiguamente las personas utilizaban relatos, llamados **mitos**, para explicar cómo funcionaba el mundo. Los antiguos griegos pensaban que los truenos y rayos eran armas del dios Zeus. Los antiguos egipcios creían que el dios Seth había creado el rayo con su lanza. Cada grupo tenía sus propias explicaciones para las cosas.

Hoy en día, sabemos que el rayo es causado por una descarga eléctrica en las nubes

En la antigua Grecia, los filósofos Platón y Aristóteles utilizaron la lógica y la razón para explicar el mundo.

Hace unos 2.500 años, las cosas empezaron a cambiar. En Grecia, personas como Aristóteles utilizaron algunas **técnicas** que pasaron a ser parte del método científico. Observaron la naturaleza, se preguntaron acerca de lo que veían e hicieron conjeturas.

27

Sin embargo, en lugar de la experimentación, personas como Aristóteles utilizaban el razonamiento para explicar lo que veían. Por ejemplo, Aristóteles pensaba que la Tierra era el centro del universo. Así parece ser desde nuestro punto de vista, y Aristóteles enumeraba todas las razones por las cuales su idea podría ser cierta. Pero Aristóteles nunca puso a prueba su conjetura. A pesar de que él estaba equivocado, Aristóteles y otras personas de su época habían cambiado su manera de pensar a una forma más científica.

El universo de Aristóteles

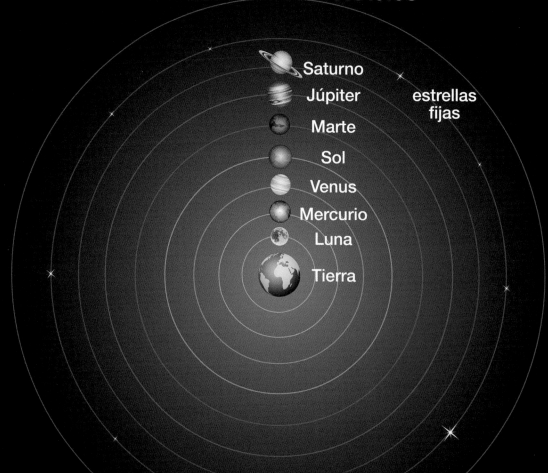

Aristóteles creía que la Tierra era el centro del universo. Identificó siete "estrellas errantes": la Luna, Mercurio, Venus, el Sol, Marte, Júpiter, y Saturno. El resto de las estrellas en el cielo eran "estrellas fijas".

Galileo pone a Aristóteles a prueba

El astrónomo y físico italiano Galileo Galilei fue uno de los primeros en desafiar algunos de los razonamientos de Aristóteles. Aristóteles razonó que las cosas más pesadas caían más rápido. Galileo probó esta idea rodando bolas por rampas. Utilizó relojes de agua para medir cómo se aceleraban. Los experimentos de Galileo demostraron que las cosas se aceleran a la misma velocidad, independientemente de su tamaño.

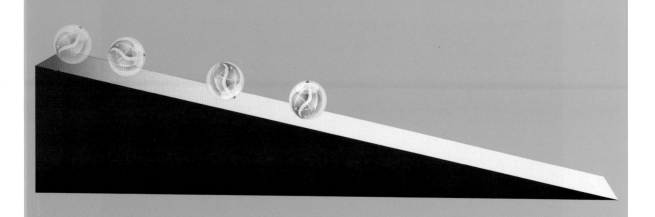

En los años 1600, el método científico comenzó a tomar forma, gracias a Sir Francis Bacon. Bacon, un científico y político inglés, instó a sus compañeros a observar, hacer una conjetura, experimentar y compartir los resultados. Publicó sus ideas en un libro llamado el *Novum Organum*. Los puntos de vista de Bacon prepararon el terreno para los procesos que los científicos utilizan hoy en día.

Sir Frances Bacon (1561–1626)

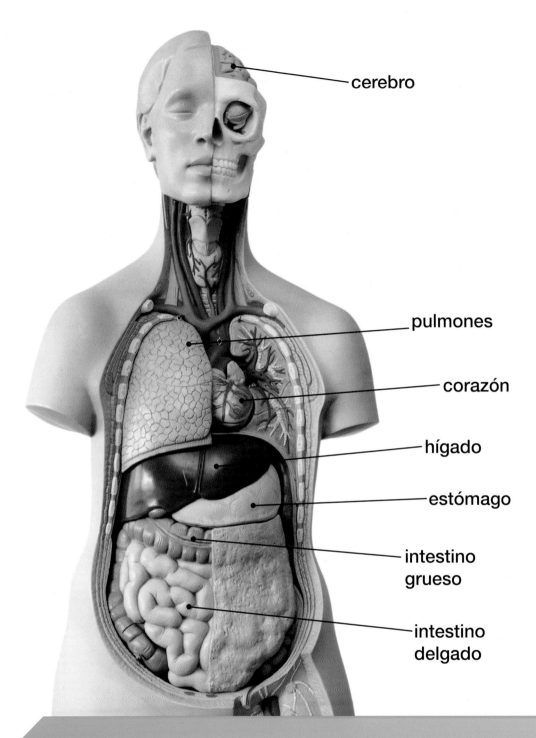

cerebro

pulmones

corazón

hígado

estómago

intestino
grueso

intestino
delgado

Ver por uno mismo

Durante siglos, la gente pensaba que el cuerpo estaba formado de cuatro cosas: sangre, flema, bilis amarilla y la bilis negra. En los años 1500, el médico belga Andreas Vesalius, decidió poner a prueba estas ideas. Diseccionó cuerpos humanos para echarles una mirada por dentro. Vesalio descubrió que esta teoría estaba equivocada.

Los científicos acumulan evidencias a través de observaciones.

Hoy en día, los científicos no pueden simplemente inventar historias sobre cómo funcionan las cosas. Ellos tienen que reunir evidencias para respaldar sus afirmaciones. El método científico ayuda a eliminar las ideas equivocadas a través de **rigurosas** pruebas y revisiones por pares. Esto quiere decir que con el transcurso del tiempo sólo las mejores ideas son aceptadas.

Esto es importante porque las ideas científicas tienen el poder de cambiar la forma en que pensamos sobre el mundo que nos rodea. Gente poderosa, como los políticos, pueden referirse a la ciencia cuando aprueban leyes. Los médicos utilizan las ciencias para curar a la gente.

Los políticos y los líderes de negocios toman en cuenta la evidencia científica cuando toman decisiones importantes.

En lugar de realizar experimentos, algunos científicos acumulan y estudian datos del medio ambiente.

A pesar de que la mayoría de los científicos se basan en el método científico, lo utilizan de diferentes maneras. Algunos hacen experimentos en laboratorios. Otros, reúnen evidencias sobre el terreno. Vamos a conocer a científicos actuales y a explorar cómo funciona el método científico.

CAPÍTULO CUATRO

EL MÉTODO CIENTÍFICO EN ACCIÓN

El Dr. Zia Nisani golpea y pincha un escorpión en una probeta. El escorpión azota con su cola y ataca, segregando su veneno. ¡Perfecto! Nisani atrapa el líquido para estudiarlo. Todo esto fue parte de su plan.

Los escorpiones segregan veneno a través de sus afilados aguijones.

Las serpientes de cascabel segregan más veneno cuando atacan presas más grandes. ¿Podrían hacer lo mismo los escorpiones?

Nisani utilizó el método científico en su laboratorio para estudiar el comportamiento de los animales. Nisani se preguntó cuánto veneno los escorpiones segregan en diferentes situaciones. ¿Inyectan más veneno cuando se sienten amenazados? Su pregunta surgió de un estudio que leyó sobre las serpientes cascabel. Sus picaduras llevaban más veneno cuando su presa era más grande.

Nisani recopiló datos para su investigación. Encontró que las arañas también controlan la cantidad de veneno que segregan. Nisani supuso que los escorpiones tendrían un comportamiento similar. Su hipótesis era: Si crear el veneno lleva mucha energía, entonces los escorpiones segregarían más solamente cuando se sintieran más amenazados.

Con la hipótesis en mano, Nisani diseñó cuidadosamente su experimento. Se aseguró de que el experimento fuera seguro para él y para los escorpiones. Como quería saber cómo los escorpiones distribuyen su veneno, una variable clave era la cantidad de veneno que segregan con cada picadura. Él mediría el volumen del líquido.

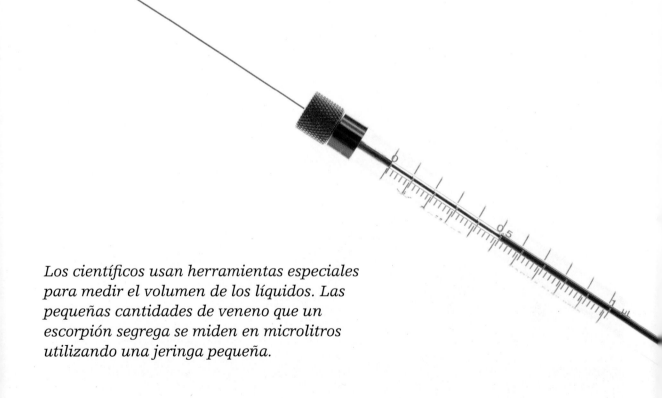

Los científicos usan herramientas especiales para medir el volumen de los líquidos. Las pequeñas cantidades de veneno que un escorpión segrega se miden en microlitros utilizando una jeringa pequeña.

Los científicos toman precauciones para asegurarse de que los animales no se lastiman durante los experimentos.

Otra variable es cuán amenazado se siente el escorpión. En una situación, Nisani utilizó un vaso para tocar suavemente la parte de atrás del escorpión cinco veces cada cinco minutos. El escorpión no se sintió muy amenazado.

En otra situación, él empujó al escorpión cada cinco segundos. Se sintió atacado. Cuán amenazado se siente el escorpión es la **variable independiente** de Nisani. Es la pieza que manipula en el laboratorio para poder medir la cantidad de veneno, que es la **variable dependiente.**

A excepción de la variable independiente, Nisani mantuvo todo lo demás igual. Utilizó el mismo tipo de vaso para empujarlos. Vivieron en el mismo tipo de hábitat de arena. Se comieron un grillo cada semana. Si Nisani cambiaba cualquiera de estas cosas, no sabría qué afectó el volumen de veneno.

Muchos escorpiones viven en hábitats desérticos y arenosos.

Entonces llegó el momento de hacer que los escorpiones picaran. Nisani hizo sus pruebas con seis escorpiones para poder ver un patrón general. Luego repitió el experimento completo de nuevo en un segundo ensayo, o ejecución. Así obtuvo suficiente información para sacar sus conclusiones.

Nisani utilizó un análisis matemático y gráficas para ver sus resultados. Las gráficas le permitían **comparar** fácilmente la cantidad de veneno que los escorpiones segregaban con cada picadura. Como sospechaba, los escorpiones inyectaron más veneno cuando se sintieron más amenazados.

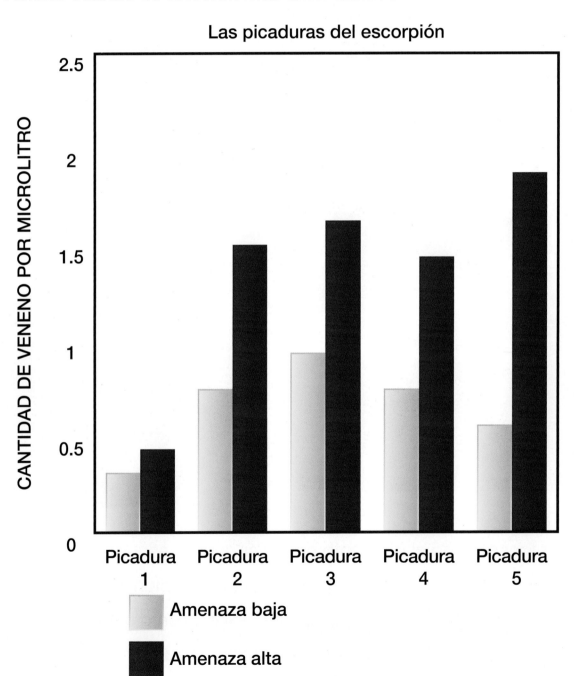

Las picaduras del escorpión

Discrepancias de datos

El uso de las gráficas y las matemáticas muestra a los científicos cuando los datos no se ajustan bien al patrón. En un experimento diferente, Nisani notó que una parte de la información era muy diferente al resto. ¿Qué causó la **discrepancia**?

Alguien había encendido la luz en la habitación de los escorpiones. Los escorpiones son **nocturnos** *y el procedimiento de Nisani requería que ellos estuvieran en la oscuridad durante un total de 12 horas. Esta explosión de luz podría haber causado la diferencia en sus datos. Debido a que sabía el origen del error, Nisani no utilizó en las pruebas los escorpiones que habían sido expuestos a la luz.*

Antes de poder compartir su conclusión, Nisani cuestionó su proceso. ¿Hizo sus pruebas con escorpiones hembras y machos? ¿Viejos y jóvenes? Si lo hizo, entonces podía hacer algunas conclusiones generales sobre el veneno del escorpión. Si utilizó solamente escorpiones hembras, por ejemplo, sus datos serían **inconclusos**. Tal vez los escorpiones hembras controlan la cantidad de veneno que generan, pero no los machos.

Confiado en sus resultados, Nisani escribió su informe para poder compartir su descubrimiento.

Los científicos nunca dejan de preguntarse el porqué de los resultados, incluso cuando están en el medio de un experimento. Durante una prueba **reciente**, Nisani notó un escorpión agitando una tenaza peluda hacia arriba y hacia abajo cuando se acercaba un depredador. Se preguntó si los escorpiones utilizan esos pelos como los insectos utilizan su antenas. Ahora, está planeando un experimento para averiguarlo.

En las ciencias, el final del método científico no es realmente un final absoluto. Es solamente un nuevo comienzo.

GLOSARIO

analizar: estudiar algo cuidadosamente para que tenga sentido

comparar: juzgar las similitudes y diferencias entre múltiples cosas

comunicar: compartir información acerca de algo

control: en un experimento, algo que se utiliza como una comparación

discrepancia: algo que es diferente de lo que debiera ser

impacto: un efecto importante

inconcluso: dato que no está claro o incierto

interpretado: decidir el significado de algo

manipular: controlar algo con habilidad

nocturno: un animal que está activo durante la noche

observar: ver algo de cerca

pares: alguien con la misma edad, rango, o área de conocimiento

proceso: una serie de acciones en un procedimiento

razonamiento: el pensamiento lógico

riguroso: muy estricto y exigente

técnicas: un método para hacer algo que requiere habilidad

variable: en las ciencias, algo que cambia

variable dependiente: lo que se mide en un experimento; la parte del experimento que puede cambiar

variable independiente: la variable que uno controla y cambia a propósito durante un experimento

ÍNDICE

Aristóteles 27, 28, 29

Bacon, Sir Francis 30

Banting, Frederick 4

conclusión(es) 9, 23, 41, 44

datos de 43, 44

diabetes 4

escorpión(es) 35, 37, 38, 41, 42, 44

experimento 4, 9, 12, 16, 20, 30, 34, 38, 41, 44

Galilei, Galileo 29

gráficas 23, 42

grupo de control 22

hipótesis 9, 14, 23, 37, 38

investigación 9, 13, 37

mitos de 26

Nisani, Zia 35, 37,40, 41, 42, 44

observar 11, 30

procedimiento 20, 24

revisión por pares 20, 24

variable dependiente 18, 19, 39

variable independiente 18, 39, 40

veneno de 35, 36, 37, 38, 40, 41

Vesalio, Andreas 31

SITIOS PARA VISITAR EN LA RED

http://www.sciencebuddies.org/science-fair-projects/project_scientific_
  method.shtml

http://www.nasa.gov/audience/foreducators/plantgrowth/reference/
  Scientific_Method.html#.UsYFdGRDs40

http://www.brainpop.com/educators/community/bp-jr-topic/scientificmethod/

SOBRE LA AUTORA

Kirsten W. Larson trabajó seis años en la NASA antes de escribir para los jóvenes. Ha conocido al gemelo de Curiosity, el robot explorador, y colaboró con las tripulaciones del DC-8 de NASA durante misiones científicas. Sus artículos se publican en ASK, ODYSSEY, AppleSeeds y Boys' Quest. Vive con su esposo y sus dos hijos cerca de Los Ángeles, California.

¡Conoce a la autora!
www.meetREMauthors.com

www.rourkeeducationalmedia.com

PHOTO CREDITS: Cover and Title Page © Chepko Danill Vitalevich; page 4 © AP Images; page 5 © Alex Luengo; page 6 © Image Point fr; page 7 © michaeljung; page 8 © Kimberlywood; page 9 © Alexander Raths; page 10, 11 © Steve Debenport; page 12 © Ruslan Dashinsky; page 13 © sturti; page 14, 22, 32 © Wavebreak Media Ltd; page 15, 16, 18 © Dominik Pabis, mirofanova; page 17 © juffin, keenon; page 19 © ilkay muratoglu; page 20 © mongkoi chakritthakool; page 21, 23 © Heavenman, Yuttask Jannarong; InGreen; page 24 © zhudifeng; page 25 © vgajic; page 26 © mikexpert; 28 © vectomart; page 29 © timurock, CTE Consulting Services; page 30 wikipedia.com; page 31 © arcady31; page 33 © heroimages; page 34 © goodluz; page 35 © EcoPrint; page 36 © Audrey Snider-Bell; page 37 © Cathy Keifer; page 39 © Danny Smythe, 2happy; page 40 © EcoPrint; page 41 © sebastianPuda; page 43 © Alberto Romares; page 45 © Rossette Jordaan

Edited by: Jill Sherman
Translated by: Dr. Arnhilda Badía
Cover and Interior design by: Tara Raymo

Library of Congress PCN Data

El uso del método científico / Kirsten W. Larson
(Exploremos las Ciencias)
ISBN 978-1-68342-096-5 (hard cover)
ISBN 978-1-68342-097-2 (soft cover)
ISBN 978-1-68342-098-9 (e-Book)
Library of Congress Control Number: 2016946729

Also Available as:

ROURKE'S e-Books